YOUR KNOWLEDGE HAS VALUE

- We will publish your bachelor's and master's thesis, essays and papers

- Your own eBook and book - sold worldwide in all relevant shops

- Earn money with each sale

Upload your text at www.GRIN.com
and publish for free

Alessandro Mauro

L'Impatto di Eventi Meteoreologici sulla Produzione e lo Scambio di Energia

GRIN Publishing

Imprint:

Copyright © 2007 GRIN Verlag, Open Publishing GmbH
Print and binding: Books on Demand GmbH, Norderstedt Germany
ISBN: 978-3-656-21620-9

L'IMPATTO DI EVENTI METEOREOLOGICI SULLA PRODUZIONE E LO SCAMBIO DI ENERGIA

Alessandro Mauro
2007

Dopo aver conseguito la laura in Economia Politica, Alessandro Mauro ha frequentato il Master in Management ed Economia dell' Energia e dell'Ambiente (MEDEA) presso la Scuola Superiore Enrico Mattei. Qui ha lavorato nei successivi tre anni come ricercatore, studiando l'applicazione di temi della teoria della finanza ai mercati energetici.
In seguito è stato responsabile per la gestione del rischio in Energia (ora Sorgenia), occupandosi d'identificazione, misurazione e copertura nei mercati dell'energia elettrica e del gas naturale.
Attualmente è *head of risk management* presso LITASCO, trader di petrolio e prodotti raffinati del gruppo Lukoil.
Alessandro Mauro è membro dell'*Energy Oversight Committee* della *Global Association of Risk Professionals* (GARP). La Commissione promuove e governa la certificazione *Energy Risk Professional* (ERP)

INDICE

Introduzione

Numerosi sono i fenomeni che si manifestano nell'atmosfera terrestre, in particolare nella parte più bassa chiamata *Troposfera*. Tra i più importanti ricordiamo il vento, le precipitazioni, l'insolazione e la nuvolosità, la nebbia, etc. Numerose sono anche le variabili atmosferiche quali la temperatura, l'umidità, la velocità del vento, la pressione barometrica, etc.

Solitamente queste variabili sono suscettibili di misurazione, rispetto ad un luogo ed un intervallo temporale specificati. Per le precipitazioni, è possibile misurare il livello della pioggia o della neve caduta in una località in una giornata. Nei fiumi e nei bacini è misurabile il livello o la velocità dell'acqua. Per il vento è rilevabile la velocità e la direzione. Per l'insolazione esiste una scala di misura della luminosità del giorno. Gli eventi meteorologici che determinano le suddette variabili sono molto dissimili tra loro. Per esempio, alcuni fenomeni sono molto localizzati, in quanto vi è scarsa similitudine nel valore della misurazione per località geograficamente anche poco distanti. Inoltre solo quando si è in possesso di misure si può investigare il rapporto tra variabile meteorologica e rischio volumetrico.

Tutte le variabili meteorologiche sopra elencate hanno, come vedremo in questo capitolo, un impatto sull'industria e sul mercato dell'energia. Nell'analisi che segue porremo al centro dell'attenzione i mercati energetici, evidenziando in tale ambito quali siano i rischi meteorologici che determinano rischio volumetrico. Ciò permetterà di studiare fenomeni e variabili atmosferiche.

E' utile fornire uno schema che rappresenti, nell'ambito dei mercati energetici, le aree di nostro interesse. Se ne propone nella successiva figura una rappresentazione semplificata.

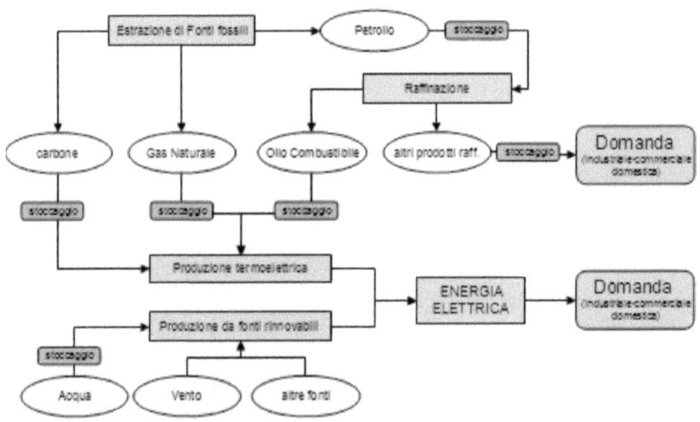

fig. 1. Rappresentazione schematica di alcuni scambi nel mercato energetico

In ognuno degli snodi del grafico, che rappresentano la produzione, il trasporto e lo scambio di fonti di energia primarie e secondarie, si annidano rischi meteorologici e quindi rischi volumetrici. Iniziamo la trattazione dalle fonti combustibili fossili, con particolare attenzione al mercato degli idrocarburi (gas, petrolio e derivati), per poi passare all'analisi del mercato elettrico.

1. Il mercato degli idrocarburi e l'utilizzo di stoccaggi.

L'industria degli idrocarburi è rappresentata nella parte alta ed a sinistra della figura 1. Dopo la scoperta di accumuli commercialmente sfruttabili, le fonti primarie fossili di energia devono essere estratte dal sottosuolo e spesso sottoposte a prime trasformazioni in loco prima di essere trasportate in luoghi di consumo o di ulteriore trasformazione. Già questa prima fondamentale fase è sottoposta a rischi meteorologici, più o meno rilevanti, più o meno evidenti. Condizioni meteorologiche più rigide del normale possono creare una riduzione della produzione e quindi determinare un arretramento della curva di offerta di idrocarburi.

Frequentemente non è possibile evidenziare una dipendenza precisa tra fenomeno meteorologico e livelli produttivi. Lungo la catena produttiva vi è inoltre la presenza di strutture di stoccaggio che, rappresentando una sorta di polmone tra produzione e consumo, fanno in modo che livelli produttivi e livelli di consumo non debbano necessariamente coincidere in ogni momento. Siamo quindi di fronte ad un tipo di dipendenza di tipo qualitativo. E' possibile sviluppare l'analisi a livello esemplificativo, presentando casi reali che documentano chiaramente una dipendenza tra estrazione, trasporto, trasformazione di idrocarburi e fenomeni meteorologici.

Ricordiamo il caso del rigido inverno a cavallo tra il 2005 ed il 2006. Nel solo mese di gennaio 2006 tale fenomeno ha determinato, nella sola Russia, una riduzione nell'estrazione di greggio di circa 220.000 barili al giorno. Il mancato ricavo, calcolato a prezzi di mercato, è valutabile in circa 13 milioni di dollari al giorno.

Esistono anche fenomeni meteorologici di tipo catastrofico che hanno un impatto più dirompente ed a volte non recuperabile sui livelli produttivi. L'evento più recente in questo ambito è senz'altro costituito dagli uragani *Katrina e Rita*. Limitando la nostra attenzione al solo mercato dell'energia, tali eventi estremi, hanno ridotto significativamente la produzione di greggio e gas naturale nel Golfo del Messico e Louisiana, hanno danneggiato o distrutto strutture produttive, molte di tipo off-shore, determinando la perdita di produzione quantificabile mediamente in circa 500.000 barili/giorno su tutto il 2005. Parte di questa perdita è considerabile addirittura definitiva, a causa dell'impossibilità di ripristinare gli impianti in prossimità degli accumuli di idrocarburi, i quali erano in corso di sfruttamento prima dell'arrivo degli uragani.

Gli effetti di questi fenomeni sono rappresentati nella successiva figura 2, la quale mostra chiaramente che l'impatto si è protratto anche nel corso del 2006[1], con gli effetti definitivi menzionati.

---

[1] Fonte IEA (2006).

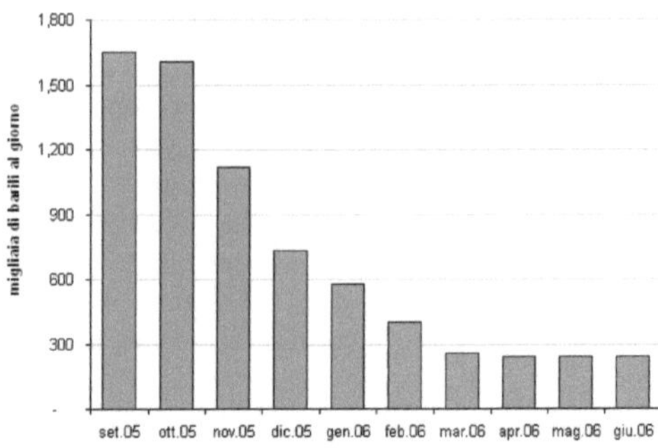

fig. 2. Produzione persa a causa degli uragani Katrina e Rita (2005-2006)

Nell'area interessata dal passaggio del ciclone anche le strutture di raffinazione sono state danneggiate, con la conseguente riduzione nella produzione di prodotti raffinati. Questi fenomeni meteorologici catastrofici hanno pertanto determinato l'arretramento della curva di offerta di idrocarburi, a cui si è parzialmente posto rimedio con il ricorso agli stoccaggi e con importazioni da altre aree del mondo.

Questi ed altri simili accadimenti hanno recentemente favorito l'incremento della percezione dell'importanza di questo tipo di fenomeni. Gli studiosi dedicano crescente attenzione alla previsione degli stessi, fino ad assegnare probabilità alla realizzazione di singoli eventi. Per esempio, ci si spinge a specificare se nel corso della prossima stagione si verificherà un numero di uragani superiore o inferiore rispetto alla stagione passata o alla media degli ultimi anni[2].

Molto importanti sono gli eventi meteorologici che hanno impatto a valle dell'estrazione di fonti primarie di energia, vale a dire sui sistemi di trasporto. Molto significativo, per le rilevanti dimensioni e la criticità per i sistemi economici, è il trasporto per via mare di idrocarburi. Esistono varie aree del mondo Ci sono zone del mondo dove il transito è rischioso o comunque problematico. Si pensi ai porti del mar Nero, da cui la Russia esporta rilevanti quantità di greggio e prodotti raffinati (olio combustibile, gasolio). Le navi adibite al trasporto devono attraversare gli stretti del Bosforo e dei Dardanelli,

---

[2] Si moltiplicano inoltre gli studi volti a scoprire ed indagare rapporti di causa-effetto. Per esempio, si tenta di correlare gli uragani al verificarsi di fenomeni meteorologici complessi quali il cd. *El Niño*. Per informazioni al riguardo, si veda il sito internet www.noaa.org.

dove si possono formare lunghe code di attesa per il transito a causa di fenomeni quali il freddo e la ridotta visibilità. Tali code determinano ritardi nell'approvvigionamento dei Paesi del Mediterraneo, con impatto sui prezzi di queste fonti energetiche. Sono anche già avvenute catastrofi dovute a condizioni meteorologiche particolarmente avverse, che hanno determinato l'affondamento della nave, con un impatto non tanto sui mercati petroliferi ma sullo stato dell'ambiente.

Per quanto riguarda il lato della domanda, è ragionevole attendersi che i prodotti petroliferi raffinati per uso riscaldamento mostrino una dipendenza dalla temperatura atmosferica. Lo dimostra la figura successiva, che confronta i mesi di gennaio nel 2005 e nel 2006 per tre aree del mondo[3]. Si nota che il clima nell'Europa Occidentale è stato particolarmente rigido nel gennaio 2006, e si sono verificati il 12% di *Heating Degree Day*[4] (HDD) cumulati in più del livello medio, vale a dire il Gennaio più freddo negli ultimi tredici anni. Ciò ha comportato un incremento di consumi di gasolio da riscaldamento, rispetto al livello medio, di oltre 420.000 barili al giorno.

	Heating Degree Day rispetto alla media		effetto sulla domanda di Gasolio rispetto alla media (milioni barili/giorno)	
	2006	**2005**	**2006**	**2005**
USA	-20%	3%	-490	70
Europa Occidentale	12%	-5%	420	-150
Giappone	3%	-3%	50	-50
totale			-20	-130

fig. 3. Heating Degree Day e consumo di gasolio da riscaldamento.

Un andamento opposto in termini di temperatura, ed ancora più estremo, si è verificato negli Stati Uniti, dove gli HDD cumulati sono stati il 20% in meno della media. Questo ha ovviamente comportato una contrazione dei consumi di gasolio da riscaldamento, quantificabile in 490.000 barili al giorno. I venditori di gasolio sono probabilmente *price taker* ed è pertanto ragionevole supporre che, a

---

[3] Fonte PIRA.
[4] Gli Heating Degree Day per il giorno i-esimo sono definiti dalla formula: max [18°C − (t.m.g.)i ; 0], dove "t.m.g." e' la temperaruta media giornaliera.

causa di questo arretramento della curva di domanda, essi abbiano sopportato una notevole riduzione dei ricavi nel periodo considerato.

E' opportuno notare che, qualora si effettuino calcoli più dettagliati su scala temporale giornaliera, la dipendenza temperatura-consumi potrebbe mostrarsi poco precisa. Ciò è dovuto al frequente utilizzo di stoccaggio di tali prodotti petroliferi presso i centri di consumo, anche a livello di singole unità abitative. Questa possibilità non è presente, per esempio, nel caso del gas naturale, per il quale si ha un'*offerta just in time*, e gli stoccaggi vengono detenuti dai venditori e molto raramente dagli acquirenti/consumatori. Inoltre, il riscaldamento di ambienti per mezzo di prodotti petroliferi continua a perdere quote di mercato rispetto proprio al gas naturale, ed in molti Paesi, compresa l'Italia, la maggior parte del gasolio commercializzato viene in effetti utilizzato nel settore dei trasporti ed una quota progressivamente in calo nel riscaldamento domestico.

In generale gli stoccaggi sono costruiti ed utilizzati per far fronte alle fluttuazioni volumetriche che toccano la domanda e l'offerta di fonti di energia. Parte di questa fluttuazione è deterministica, per esempio la riduzione in estate della domanda di fonti energetiche destinate al riscaldamento. Parte è invece aleatoria, e può essere dovuta sia a problemi logistici sia a fenomeni meteorologici già analizzati. Indipendentemente dal motivo, le fluttuazioni volumetriche vengono efficacemente affrontate con il ricorso a stoccaggi, ovvero una sorta di magazzini che si riempiono quando la produzione è superiore alla domanda, e viceversa si svuotano.

Ciò risponde innanzitutto a logiche di efficienza economica. Non è infatti sensato dal punto di vista economico dimensionare tutta la struttura logistica (estrazione, trasformazione, trasporto) ad un livello tale da poter far fronte ad un picco di domanda, per esempio determinato da un inverno particolarmente freddo ma che ha bassa probabilità di verificarsi. Tali investimenti non verrebbero mai ammortizzati oppure avrebbero un costo unitario di utilizzo altissimo.

L'altra motivazione razionale che giustifica la costruzione e l'utilizzo di strutture di stoccaggio, collegata comunque alla precedente, è la riduzione del rischio volumetrico. Infatti, per la natura eccezionale, del tutto aleatoria, e di impatto difficilmente quantificabile, il rischio meteorologico e quindi volumetrico evidenziato in questo paragrafo raramente trova possibilità di mitigazione per mezzo di strumenti finanziari quali i *weather derivative*. Molti Paesi industrializzati detengono pertanto scorte appositamente per questo tipo di eventi, identificate come *stoccaggio strategico*. Tali scorte, spesso gestite da autorità centrali dello Stato, vengono utilizzate in casi di eventi eccezionali, come appunto è avvenuto nel caso degli uragani Katrina e Rita. Le scorte di cui invece abbiamo trattato precedentemente, che costituiscono lo *stoccaggio commerciale*, servono per far fronte alla normale variabilità dell'offerta e della domanda, il più delle volte per fenomeni meteorologici. Queste scorte sono solitamente gestite direttamente dagli operatori attivi nel mercato.

Ricordiamo infine che, in risposta agli eventi catastrofici del tipo di quelli precedentemente menzionati, si stanno sviluppando strumenti di riduzione del rischio di tipo assicurativo. Le compagnie si assicurazione e riassicurazione accettano quindi si sopportare tale tipologia di rischi in cambio del pagamento di un premio. Spesso il rischio così acquisito viene poi in effetti trasferito a terzi soggetti per mezzo di una *securitization*, ovvero l'inserimento del rischio in un titolo finanziario. E' caso dei *catastrophe bond* o dei *weather bond*, nei quali il pagamento e l'ammontare delle cedole è legato al verificarsi o meno di determinati fenomeni a carattere catastrofico. Per esempio, si ha notizia del *catastrophe bond* emesso dalla società *EDF*, per coprire il rischio legato a venti di velocità catastrofale che potrebbero distruggere linee di trasmissione dell'energia elettrica, come peraltro già avvenuto[5].

2. La domanda e la produzione di energia elettrica

Dalla rappresentazione schematica contenuta nella figura 1 si coglie la posizione centrale occupata dall'energia elettrica, come punto di raccordo fondamentale tra la produzione di fonti primarie di energia ed il consumo di energia secondaria. L'energia elettrica è divenuta, soprattutto nei Paesi industrializzati, il vettore energetico privilegiato per la fornitura di energia per gli usi finali. Molto importante, ed interessante da analizzare, è l'esposizione della domanda e dell'offerta nel mercato dell'energia elettrica a fenomeni meteorologici. La successiva analisi tratterà inizialmente le determinanti della domanda di energia elettrica e quelle, tra queste, che dipendono da fenomeni atmosferici. Successivamente si passerà agli aspetti produttivi, prima con la produzione termoelettrica, e successivamente quella da fonti rinnovabili.

L'analisi e la comprensione del livello e dell'evoluzione della domanda di energia elettrica è fondamentale, ed in generale è più importante rispetto ad altri settori. Infatti il trasporto e l'utilizzo di energia elettrica hanno caratteristiche tali che determinano la necessità di produrre in tempo reale

---

[5] Si veda Kielmas (2004).

l'energia domandata dagli utenti, con un sistema che deve quindi bilanciare costantemente quantità immesse e prelevate dalla rete, in presenza di un bene non immagazzinabile[6]. Al di fuori di esigui margini di tolleranza, un eccesso o un difetto di produzione rispetto alla domanda determina problemi tecnologici molto seri alla rete di trasporto e distribuzione.

Per questi motivi, l'individuazione delle determinanti della domanda di energia elettrica costituisce un argomento molto studiato. Si ricordi, tra i tanti, il classico lavoro di Engle e Granger[7]. Gli strumenti d'analisi sono di tipo statistico. Tra i fattori causanti la domanda di energia elettrica sono stati individuati sia fattori socio-economici sia fattori meteorologici e climatici. Concentriamo l'attenzione sugli ultimi, in particolare nella determinazione della domanda domestica.

Ovviamente la dipendenza dalla temperatura atmosferica è molto evidente. Impianti di raffreddamento, e spesso anche di riscaldamento, sovente utilizzano l'energia elettrica. In particolare, in Italia è stato osservato che la progressiva diffusione dei condizionatori domestici ha spostato i picchi di consumo dal periodo invernale a quello estivo. Tuttavia anche altre variabili meteorologiche hanno un impatto sulla domanda di energia elettrica. Infatti l'elettricità è utilizzata anche per scopi di illuminazione di spazi pubblici e privati. Pertanto parte della domanda sarà legata alla durata del giorno e della notte, secondo un andamento stagionale. Un impatto è dato anche dal grado di luminosità della giornata.

La presenza di un insieme di determinanti della domanda in esame ha comportato l'utilizzo di strumenti statistici avanzati[8], sia per la comprensione dei dati del passato sia per effettuare stime affidabili del consumo futuro. Per quanto riguarda il primo aspetto, bisogna considerare che è spesso possibile utilizzare basi di dati molto consistenti. Infatti, per le menzionate specificità del trasporto e distribuzione dell'energia elettrica, è probabile la disponibilità di misure precise, frequenti e dettagliate geograficamente.

Passiamo adesso alla trattazione riguardante la produzione di energia elettrica. A tal fine sarà opportuno prendere in considerazione nuovamente la figura 1, in particolare nella parte in basso a sinistra. La produzione termoelettrica utilizza combustibili di origine fossile (carbone, petrolio, gas naturale) per generare energia elettrica; fa eccezione l'energia nucleare che

---

[6] Come mostra la figura 1, per questo aspetto fa eccezione la produzione di energia idroelettrica da bacino, che verrà trattata più avanti. Riguardo questo e molti altri argomenti inerenti il mercato elettrico, si veda Campidoglio (2005).

[7] Cfr. Engle et al (1986).

[8] Si veda, per esempio, Manera-Marzullo (2003), in cui si applica il metodo delle componenti principali.

invece utilizza l'uranio, che è un minerale radioattivo. Abbiamo precedentemente analizzato gli impatti meteorologici sulla estrazione ed il trasporto di tali fonti primarie fossili di energia, qui ci concentriamo unicamente sul processo di trasformazione, che avviene nelle centrali termoelettriche. In questi impianti il potere calorifico contenuto nei combustibili viene trasformato in energia elettrica, energia termica e sottoprodotti, questi ultimi spesso inquinanti. Evitando di trattare le particolarità tecniche del processo, è qui sufficiente concentrare l'attenzione sulla forte dipendenza che sussiste tra la temperatura atmosferica ed alcune caratteristiche fondamentali del processo produttivo.

Si consideri infatti la figura seguente, che rappresenta la relazione tra potenza dell'impianto e temperatura atmosferica[9].

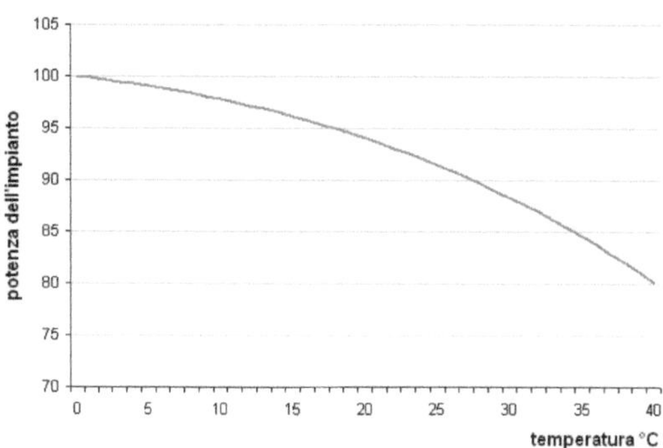

fig. 4. La relazione tra potenza di un impianto termoelettrico e temperatura atmosferica.

La relazione si caratterizza con il continuo degrado della potenza all'aumentare della temperatura. Ponendo pari a 100 la potenza dell'impianto[10] alla temperatura di 0°C, ad una temperatura 35 °C la potenza sarà pari a 85, ovvero ridotta del 15%.

Oltre alla potenza dell'impianto, e' necessario considerare che non tutto il potere calorifico contenuto nel combustibile utilizzato può essere trasformato

---

[9] Si prendono a riferimento valori tipici validi, sotto alcune ipotesi, per moderni impianti a ciclo combinato.

[10] Se l'impianto ha una capacità di 100 MW, in un'ora potrà produrre una quantità di energia elettrica pari a 100 MWh.

in energia elettrica, essendo molto invece dissipato sotto forma di calore. L'efficienza di un impianto misura appunto quanta parte del potere calorifico può essere convertito in energia elettrica, ed è sempre significativamente inferiore al 100%. Anche l'efficienza, come mostrato nella seguente figura 5, non è costante e dipende nuovamente dal livello della temperatura atmosferica.

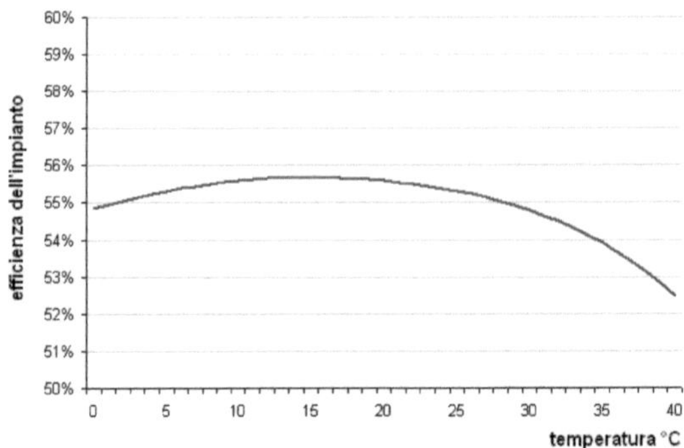

fig. 5. La relazione tra efficienza di un impianto termoelettrico e temperatura atmosferica.

Esiste un intervallo di temperature ottimali, collocabile circa tra i 10 ed i 20 °C, in cui l'efficienza è massima. Al di fuori di questo intervallo si ha una riduzione della stessa, con ciò significando che sarà necessaria una quantità maggiore di combustibile per generare la medesima quantità di energia elettrica. In particolare, temperature elevate riducono la produzione e quindi i ricavi (cfr. figura 4) ed allo stesso tempo comportano un aggravio dei costi, a causa della maggiore quantità di combustibile da utilizzare.

Questi fenomeni, che comportano un arretramento della curva di offerta[11], hanno probabilità di verificarsi essenzialmente in estate, quindi in concomitanza con l'espansione della domanda di energia elettrica, utilizzata per il raffreddamento degli ambienti. Non sorprendono quindi i picchi dei prezzi che spesso si verificano in mercati elettrici liberalizzati nei periodi eccezionalmente caldi.

---

[11] Si ricorda che temperature atmosferiche elevate hanno un impatto significativo anche sulle infrastrutture di trasporto, in quanto gli elettrodotti divengono meno efficienti e si riduce il quantitativo di elettricità trasportabile dai luoghi di produzione a quelli di consumo.

E' importante notare che, per i fenomeni evidenziati nelle figure 5.4 e 5.5, la dipendenza rispetto alla temperatura è di tipo fisico-tecnico e quindi tendenzialmente deterministica, in quanto dovuta a precise relazioni termodinamiche.

Al di là di queste dipendenze molto evidenti, esistono altri impatti volumetrici determinati dal rischio meteorologico, anche se spesso dall'andamento più discontinuo e dall'effetto meno quantificabile a priori. Per esempio, le centrali termoelettriche sono munite di un impianto di raffreddamento, di sovente funzionante ad acqua. Per procurarsi la massa d'acqua necessaria sono spesso disposte lungo fiumi, canali, laghi o sul mare. Pertanto tali centrali sono sottoposte al rischio legato al livello dell'acqua. Se il livello è troppo basso, la centrale dovrà ridurre la potenza utilizzabile e quindi l'elettricità producibile. Sono inoltre da considerare anche i numerosi vincoli legati alla legislazione ambientale. Per esempio, esistono normative che stabiliscono temperature massime di rilascio delle acque di raffreddamento. Più basso è tale limite rispetto alla temperatura atmosferica, più bassa sarà l'efficienza di conversione dell'impianto.

Molto interessante e peculiare è la trattazione della produzione di energia elettrica da *fonti rinnovabili*. Fino a questo punto abbiamo trattato gli impatti dei fenomeni atmosferici sul mercato energetico. Nel caso delle fonti rinnovabili siamo invece di fronte ad una situazione in cui l'evento atmosferico è il fattore fondante. Vale a dire che il verificarsi di alcuni fenomeni atmosferici determina l'esistenza stessa di fonti di produzione di energia elettrica diverse da quella termoelettrica. Così la fonte idroelettrica dipende dalla disponibilità di acqua, la fonte eolica dalla disponibilità di vento, la fonte solare dalla disponibilità di insolazione. Analizziamo queste fonti ed i relativi fattori atmosferici nei successivi paragrafi.

3. La produzione di energia elettrica dal vento

Interessante risulta l'analisi della produzione di elettricità da fonte eolica. Si tratta della fonte di rinnovabile che presenta il più alto tasso di sviluppo negli ultimi anni, come mostrato dalla successiva figura relativamente all'Unione Europea[12].

---

[12] Fonte EWEA (2005).

	Totale a fine 2004	Installata nel 2005	Totale a fine 2005	Variazione %
Danimarca	3,118	22	3,122	0.7%
Germania	16,629	1,808	18,428	10.9%
Italia	1,265	452	1,717	35.7%
Olanda	1,079	154	1,219	14.3%
Portogallo	522	500	1,022	95.8%
Spagnia	8,263	1,764	10,027	21.3%
Gran Bretagna	907	446	1.353	49.2%
EU-15	34,246	6,122	40,317	17.9%
EU-10	125	61	186	48.8%
EU-25	34,371	6,183	40,504	18.0%

fig. 6. Evoluzione della potenza da fonte eolica installata nell'Unione Europea.

Sul totale delle fonti, la produzione da fonte eolica è ancora marginale rispetto alla produzione termoelettrica, ma ha assunto una discreta e crescente rilevanza all'interno delle fonti rinnovabili, come desumibile dalla successiva figura.

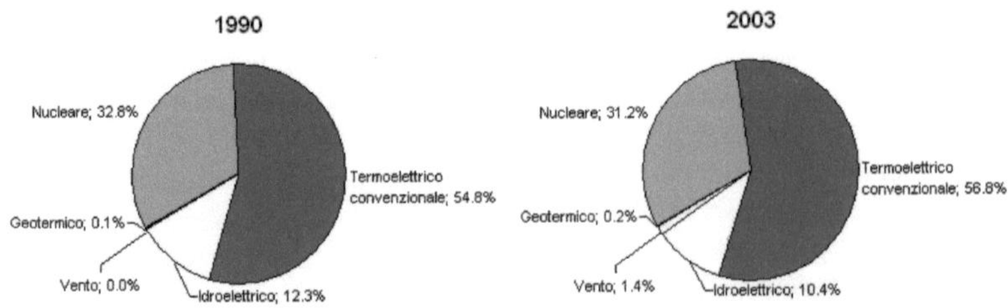

fig. 7. Evoluzione della potenza installata per fonte nell'Unione Europea.

Il procedimento produttivo di questa fonte di energia è relativamente semplice. Infatti la forza cinetica dal vento viene sfruttata per produrre energia elettrica per mezzo di aero-generatori, grandi eliche al quale il vento imprime un movimento rotatorio, il quale a sua volta fa muovere un generatore di corrente. E' del tutto evidente la dipendenza della quantità di energia prodotta dall'intensità della forza del vento. Un semplice regola per determinare l'energia producibile da una turbina eolica è data seguente formula[13] [1].

$$energia\ elettrica_{MWh} = 3{,}2 * A_{(mq)} * V^3_{(m/s)} \qquad [1]$$

dove V è la velocità media del vento nel periodo considerato (in m/s) all'altezza del mozzo (ovvero il fulcro dell'elica), ed A è l'area occupata dal rotore quando compie un giro completo, misurato (in mq). Tale dipendenza è quindi legata al valore di alcuni fattori fondamentali che sono specifici del singolo impianto eolico, e cioè l'altezza della pala che sostiene l'elica e la dimensione dell'elica stessa. Ovviamente anche la modernità della tecnologia utilizzata ha un certo impatto, oltre a fattori fisici quali la densità dell'aria.

A scopo illustrativo, presentiamo nella successiva figura una esemplificazione di tale dipendenza[14].

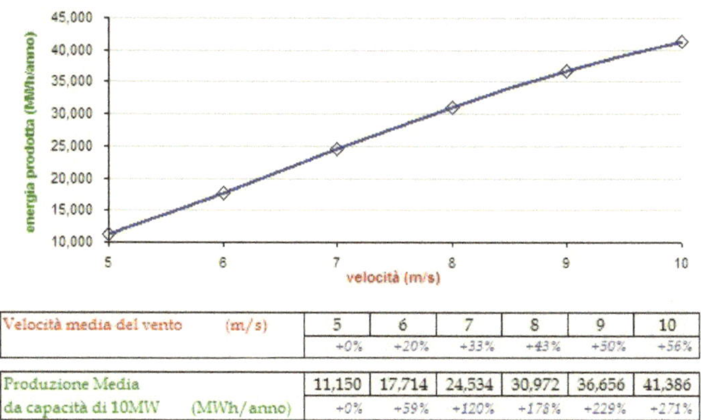

Velocità media del vento	(m/s)	5	6	7	8	9	10
		+0%	+20%	+33%	+43%	+50%	+56%

Produzione Media		11,150	17,714	24,534	30,972	36,656	41,386
da capacità di 10MW	(MWh/anno)	+0%	+59%	+120%	+178%	+229%	+271%

fig. 8. La dipendenza dell'energia prodotta da un aero-generatore dalla velocità del vento.

---

[13] Fonte: IEA (2003), pag 152.
[14] Si tratta di una performance media, valida sotto alcune ipotesi. Dati tratti da EWEA (s.d), pag.47.

A partire dalla formula [1] e dalla figura 8, dobbiamo affermare che la dipendenza dal vento è molto forte ed evidente. L'incremento della velocità del vento da 5 a 6 metri al secondo, ovvero del 20%, comporta un incremento della elettricità prodotta di quasi il 60%. Più eclatanti sono i risultati per velocità più alte, ma che diventano anche meno probabili. Altri fattori tecnici dell'impianto concorrono a formare la performance totale. In particolare, al di sotto di una velocità minima del vento (cd. *"cut-in"*) l'elica non riesce a girare e l'energia prodotta è nulla. Analogamente, al di sopra di una certa velocità massima del vento (cd. *"cut-off"*), l'elica si disattiva per evitare danni all'impianto; anche in questo caso l'energia prodotta è nulla.

E' chiaro che nel caso della fonte eolica siamo di fronte ad una dipendenza, tra variabile meteorologica e rischio volumetrico, di tipo fisico-tecnico. Abbiamo fin qui chiarito quest'ultimo aspetto, ma rimane da trattare il fenomeno meteorologico sottostante. La velocità del vento ha caratteristiche abbastanza peculiari, affatto diverse dalla variabile temperatura atmosferica, che abbiamo studiato in un capitolo precedente. E' quindi utile investigare questo fenomeno, iniziando dall'analisi della successiva figura, che riporta l'andamento della variabile meteorologica velocità del vento.

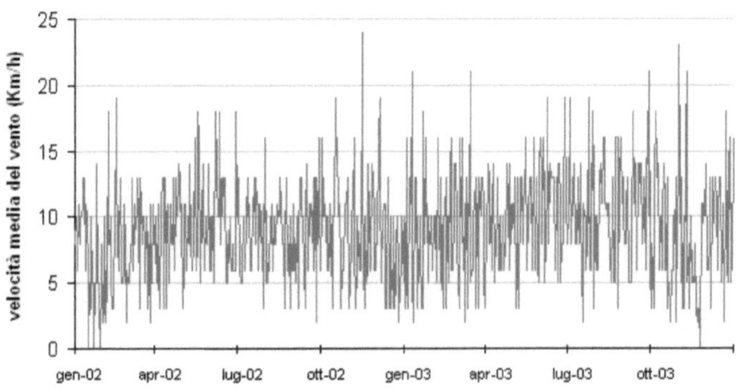

fig. 9. Velocità giornaliera media del vento a Bologna (2002-2003).

Si evidenzia innanzitutto un'elevata volatilità della variabile e l'assenza di trend stagionali. Il rischio velocità del vento è quindi molto più alto nel corso di intervalli anche brevi di tempo, ed è molto meno stabile della temperatura atmosferica. La figura successiva, tramite l'utilizzo di semplici misure statistiche, mostra ulteriormente la specificità di questa variabile atmosferica.

	2002	2003	2004	2005
media (Km/h)	7.99	6.88	6.93	6.79
% verso 2002		-14%	-13%	-15%
dev. standard	7.81	5.86	6.59	5.32
% verso 2002		-25%	-16%	-32%

fig. 10. Velocità giornaliera media del vento a Roma (2002-2005).

La velocità media del vento misurata a Roma varia da un anno all'altro. Quello che più colpisce è la volatilità di questo variabile, come dimostrato dal rilevante valore assunto dalla deviazione standard. Ipotizzando una *distribuzione di probabilità Gaussiana* per questa variabile, un intervallo di confidenza pari ad una probabilità del 68% ha una ampiezza pari ad uno scarto quadratico medio. Per il 2002, tale intervallo è pari a poco meno di 15 Km/h, rispetto ad una media di quasi 8 Km/h, ovvero una variabile con una grande dispersione delle osservazioni rispetto al valore medio.

Un altro fattore importante, oltre alla velocità del vento, è la direzione da cui spira. L'aero-generatore deve infatti porsi, automaticamente o meccanicamente, perpendicolare alla direzione di provenienza vento. A volte la direzione non varia significativamente nel corso del tempo, ad esempio quando il vento è dovuto a fenomeni termici. Molto spesso invece, la situazione è simile a quella rappresentata nella rosa dei venti di cui alla successiva figura 11[15].

---

[15] Tratto da EWEA (s.d), pag. 275.

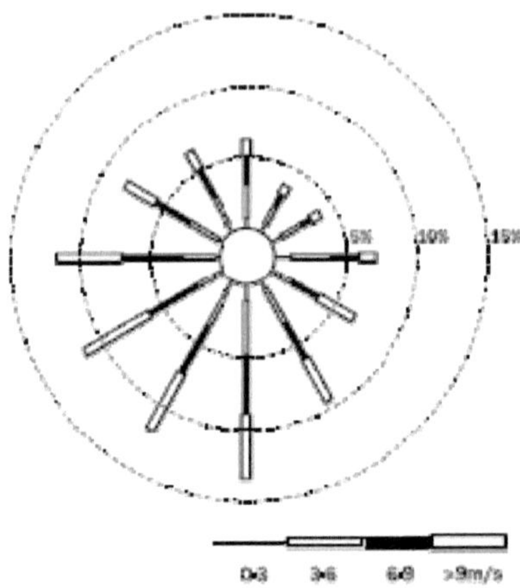

fig. 11. Rosa dei venti per un impianto eolico.

La figura 11 mostra simultaneamente le direzioni di provenienza del vento, la velocità e le frequenze di accadimento. Nel caso rappresentato, il vento proviene da tutte le direzioni, anche se più frequentemente nel quadrante Sud-Ovest. Per esempio, precisamente da Sud proviene per quasi il 15% del tempo, e per circa il 5% del tempo ha velocità maggiore di 9 metri al secondo. Queste osservazioni puntano l'attenzione anche sull'importanza della durata temporale del fenomeno vento, oltre che alla sua velocità. Un vento molto forte, ma poco frequente, non sarà interessante dal punto di vista produttivo.

Spesso, a differenza di quanto ipotizzato a commento della figura 10, non è corretto ipotizzare una distribuzione di probabilità Gaussiana. E' stato infatti notato che sovente è la *distribuzione di Weibull* a descrivere bene la velocità del vento. Tale distribuzione, come mostra la figura successiva, è in generale molto diversa dalla Gaussiana, in quanto asimmetrica rispetto alla media ed assegna più alte probabilità a valori bassi della variabile in esame[16].

---

[16] Si veda anche EWEA (s.d.), pag 51.

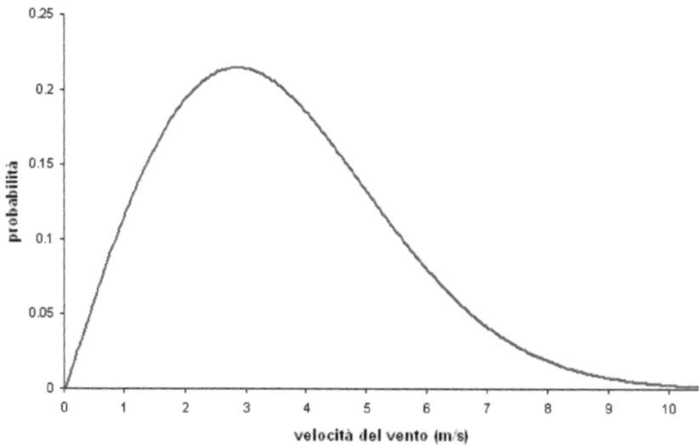

fig. 12. La distribuzione di Weibull per la velocità del vento.

Un ultimo fattore caratterizzante il vento consiste nel fatto che spesso costituisce un fenomeno molto localizzato. Fanno eccezione luoghi con caratteristiche orografiche omogenee e privi di ostacoli, come accade ad esempio in Danimarca, dove la fonte eolica è ampiamente diffusa (cfr. figura 6). In molti altri luoghi ciò non accade, come dimostra il calcolo della correlazione tra rilevazioni della velocità del vento effettuate in siti diversi. Infatti, come mostrato nella successiva figura 13, tale correlazione non può dirsi statisticamente diversa da zero.

dal 2002 al 2005

	Milano	Bologna	Roma
Milano			
Bologna	15.7%		
Roma	13.0%	9.0%	

fig. 13. Correlazione tra la velocità medie giornaliere del vento a Milano, Bologna e Roma.

Tale caratteristica della velocità del vento comporta che sia possibile una sorta di diversificazione del rischio meteorologico, ovvero che sia probabile che, quando in uno o più siti si verifichi una bassa velocità del vento, in altri la velocità sia invece alta. Si può dimostrare che la produzione media di un insieme di impianti, geograficamente distribuiti, ha una fluttuazione nell'arco delle 24 ore giornaliere molto meno pronunciata rispetto a quella di un singolo impianto[17].

Terminiamo l'analisi di questo fenomeno meteorologico trattando gli strumenti finanziari di copertura del rischio. Attualmente essi sono probabilmente poco diffusi, e solo recentemente si ha notizia della conclusione di qualche operazione al riguardo. Nella penultima edizione della già citata indagine promossa da PWC e WRMA, in percentuale gli strumenti sulla variabile vento, rispetto al totale dei *weather derivative* scambiati bilateralmente, rappresentavano una quota marginale di pochi punti percentuali, mentre nella prima edizione dell'indagine (2000), erano totalmente assenti. Considerando che nel frattempo la composizione del campione di società intervistate era mutato a favore di banche ed assicurazione, è ragionevole supporre che i contratti conclusi a copertura del vento fossero collegati ad operazioni di finanziamento di nuovi impianti eolici. Nell'ultima edizione della ricerca[18] i derivati sul vento non vengono riportati separatamente ma all'interno della categoria residuale "altro", la cui percentuale è peraltro in crescita rispetto all'edizione dell'anno precedente.

Il funzionamento dei suddetti strumenti collegati ad operazioni di finanziamento, cosiddetti *wind bond*, è abbastanza semplice. Qualora in un certo arco temporale si verifichi una scarsità di vento, ciò implicherà automaticamente una ridotta produzione di elettricità e ridotti ricavi di vendita da parte del produttore eolico. Se tale produttore ha precedentemente sottoscritto un finanziamento di quel tipo per la costruzione dell'impianto, in quel periodo egli potrà rimborsare una quota più bassa del debito[19]. In questo modo, nel corso dell'ammortamento del debito, è possibile separare i fattori che sono sotto il controllo del debitore (aspetti tecnico-gestionali) da quelli che non sono sotto il suo controllo (in questo caso essenzialmente fenomeni meteorologici).

L'attuale scarsa diffusione di strumenti di copertura è spiegabile a partire dalla caratterizzazione effettuata precedentemente, che qualificano il fenomeno vento come essenzialmente localizzato e poco standardizzabile con la creazione di indici. Risulta quindi poco attraente al fine della creazione di un mercato finanziario e probabilmente vi è più spazio per strumenti assicurativi. Infine è

---

[17] Fonte IEA (2005), pag. 18.
[18] Cfr. PWC-WRMA (2006).
[19] Si veda Baldwin-Payne (1999).

da ricordare il basso peso della produzione da fonte eolica sul totale della produzione di energia elettrica (cfr. figura 7).

4. La produzione di energia elettrica dall'acqua

La produzione idroelettrica presuppone la disponibilità di un volume d'acqua e la presenza di un dislivello (o "salto") grazie al quale l'acqua può acquisire energia cinetica da sfruttare in turbine che ruotando producono infine energia elettrica. A grandi linee, le due principali tipologie di impianto idroelettrico sono quelli ad acqua fluente e quelli a bacino/serbatoio. Nei primi viene sfruttato il flusso di un fiume, mentre negli altri l'acqua viene prima accumulata grazie alla costruzione di dighe o serbatoi. In questo caso, la produzione di energia elettrica può essere discrezionale, in quanto è possibile aprire o chiudere le condotte che portano l'acqua alle turbine. Ciò permette di modulare la produzione, con possibilità di intervento in un ridottissimo intervallo di tempo, in risposta ad incrementi o riduzioni della domanda di energia elettrica.

Così come per l'energia eolica, la produzione possibile a partire dal flusso d'acqua è regolata da leggi fisico-tecniche. Semplificando, tali regole possono essere riassunte nella seguente formula che esprime la potenza disponibile in un impianto idroelettrico.

$$Potenza_{(kW)} = 7 * Q_{(mc/s)} * H_{(m)} \qquad [2]$$

Nella formula H rappresenta il salto in metri e Q la portata d'acqua misurata in metri cubi al secondo. Essendo il salto una caratteristica immutabile della centrale idroelettrica, la potenza della centrale stessa varia al mutare della portata d'acqua. Spesso la portata dipenderà dalle precipitazioni atmosferiche, ovvero da pioggia, neve, grandine[20].

Le precipitazioni atmosferiche, al pari del fenomeno vento, sono molto aleatorie e variano sensibilmente nel corso degli anni anche nella stessa località.

---

[20] Fanno eccezione gli impianti alimentati da fiumi di origine glaciale, nonché le centrali che usano flussi d'acqua i quali vengono asserviti prioritariamente ad altri usi, quali agricoltura, industria, etc., per i quali la presenza d'acqua è condizione necessaria ma non sufficiente per la produzione di energia elettrica.

Per esemplificare, si consideri un'area in Europa in cui una quota rilevante dell'energia consumata è prodotta da fonte idroelettrica, più precisamente la Scandinavia. La figura successiva mostra un esempio che aiuterà a comprendere il livello di variabilità che il fenomeno in esame presenta[21].

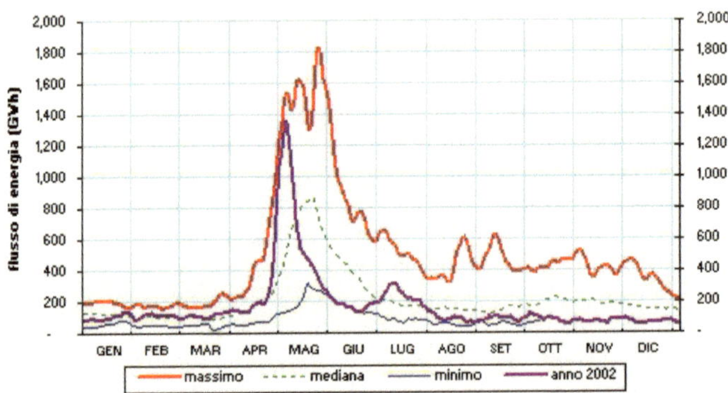

fig. 14. Flusso nei fiumi destinati alla produzione idroelettrica in Finlandia (1978-2003).

Il grafico mostra alcune misurazioni riguardanti la quantità giornaliera di acqua presente nei fiumi sfruttati per la produzione di energia idroelettrica nel periodo 1978-2003. L'intervallo tra i massimi ed i minimi storici è molto ampio, in particolare nei mesi in cui il flusso è più elevato, cioè a partire da maggio. In questo mese, il flusso massimo vale circa sei volte il minimo. Nella figura è stato evidenziato l'anno 2002, in quanto mostra un andamento molto peculiare. Tale anno è stato piovoso nella media sino ad aprile, ed estremamente piovoso all'inizio di maggio. Da quel punto ha avuto inizio un periodo molto secco, che ha determinato una progressiva riduzione del flusso di acqua, tanto da arrivare al minimo storico nell'ultimo trimestre[22]. Ciò ha avuto necessariamente un impatto sulla produzione idroelettrica. Poiché inoltre in Finlandia, come in altri Paesi, esistono bacini per l'accumulo di acqua, anche il livello di questi bacini

---

[21] Grafico costruito a partire da dati tratti dal Ministero dell'Ambiente finlandese, www.environment.fi

[22] Ancora più estremo è stato l'andamento in paesi limitrofi. In Svezia il livello delle precipitazioni, sino al maggio 2002, ha raggiunto addirittura il massimo storico del periodo 1952-2002. Successivamente è stato sempre più secco, fino a chiudere l'anno al minimo storico calcolato sul medesimo intervallo temporale.

ha subito un impatto. Per comprendere questo punto, si consideri che il bilancio della quantità d'acqua presente in un bacino è dato dalla seguente semplice equazione.

$$\text{Riserva}_t = \text{Riserva}_{t-1} + \text{Afflusso}_t - \text{Deflusso}_t \qquad [3]$$

L'afflusso rappresenta il flusso fin qui analizzato, il deflusso è destinato alla produzione di energia idroelettrica. Esistono quindi dei vincoli che nella gestione operativa dei bacini devono essere tenuti presenti. Per esempio, la scelta di un deflusso maggiore dell'afflusso, in un certo anno, intaccherà le riserve ereditate dall'anno precedente. Peraltro, in situazioni normali la gestione dei bacini è abbastanza semplice; per esempio un deflusso pari all'afflusso conserva la riserva a livello invariato. La figura successiva mostra l'andamento del livello giornaliero dei bacini, in percentuale rispetto all'accumulo massimo possibile, registrato in Finlandia nello stesso intervallo 1978-2003.

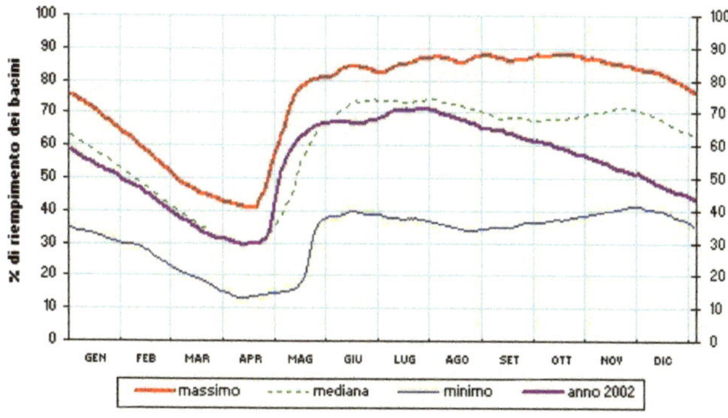

fig. 15. Percentuale di riempimento dei bacini idroelettrici in Finlandia (1978-2003).

Nel passato, l'intervallo tra la percentuale massima e minima di riempimento è molto ampio, e varia tra circa il 90% ed il 40% nei mesi di maggior riempimento. Ciò conferma nuovamente la variabilità del fenomeno. In questo quadro, l'andamento del tutto anomalo delle precipitazioni nel 2002 ha avuto impatto anche sul livello dei bacini, che alla fine dell'anno hanno raggiunto valori prossimi al minimo storico, ovvero un coefficiente di riempimento di poco superiore al 40%, contro un valore medio che supera il 60%. Quindi i bacini idrici, come tutti i tipi di stoccaggio, costituiscono un polmone tra produzione e consumo di fonti di energia, ma non possono evitare del tutto le conseguenze dell'aleatorietà dei fenomeni meteorologici. Pertanto, a livello di singolo Paese, il rischio precipitazioni è tale da poter modificare, nel corso di uno o più anni, l'*energy mix*, ovvero la ripartizione tra fonti energetiche che vengono utilizzate per far fronte alla domanda totale di energia elettrica. Questa situazione è condivisa da tutti i Paesi in cui la produzione idroelettrica copre una quota importante del fabbisogno, ovvero Scandinavia, Spagna e Paesi dell'arco alpino.

Inoltre è necessario considerare che, nella maggior parte di questi Paesi, il mercato elettrico è liberalizzato. Ciò comporta che il livello delle precipitazioni abbia un impatto importante sui prezzi di mercato, in presenza di una domanda essenzialmente inelastica. Quanto avvenuto nell'anno 2002 è rappresentabile tramite l'arretramento della curva di offerta di energia elettrica. Coerentemente, nella successiva figura si mostra il rilevante incremento dei prezzi dell'energia elettrica verificatosi nel mercato scandinavo nel corso del 2002[23].

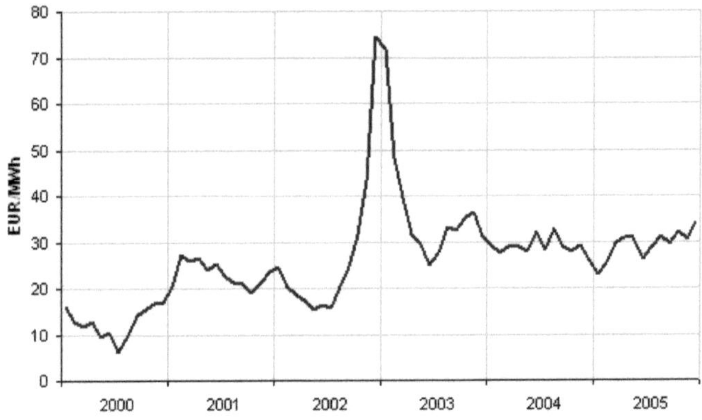

fig. 16. Medie mensili del "system price" al Nord Pool (2000-2005).

Risulta molto evidente il veloce e rilevante incremento dei prezzi nel corso del 2002, tanto che i prezzi di dicembre sono stati pari a quasi tre volte

---

[23] Grafico costruito a partire da dati pubblicati dalla borsa Nord Pool, www.nordpool.com

quelli verificatisi a metà anno. Il prezzo sembra mostrare una evoluzione che è speculare all'andamento dell'afflusso di acqua di cui alla figura 14.

La ridotta disponibilità della fonte idroelettrica, comune nel 2002 a tutta la Scandinavia e la Spagna, ha necessariamente comportato un maggior ricorso ad altre fonti produttive, principalmente centrali termoelettriche alimentate ad olio combustibile. Ciò ha determinato un'espansione della domanda di questo combustibile, il cui prezzo relativo è sensibilmente aumentato[24]. Tale affermazione è dimostrabile calcolando il rapporto tra il prezzo dell'olio combustibile ed il prezzo del petrolio grezzo[25].

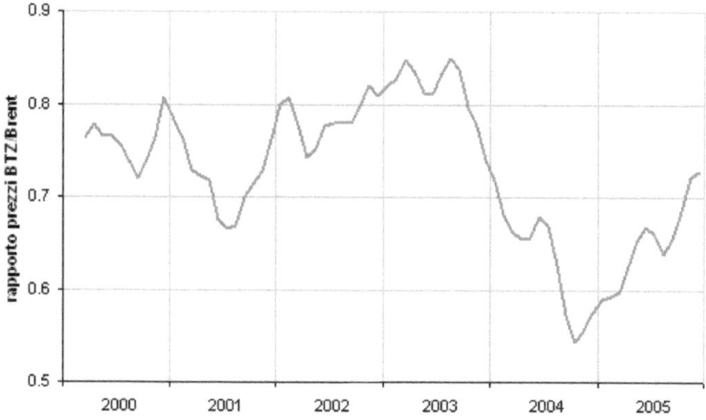

fig. 17. Rapporto tra i prezzi dell'olio combustibile BTZ ed il greggio Brent.

La figura 17 mostra infatti il progressivo incremento del prezzo dell'olio combustibile rispetto al *greggio Brent* nel corso del 2002. L'evoluzione è poi proseguita nel corso del 2003, a causa del basso livello dei bacini con il quale si è chiuso il 2002.

---

[24] Per completezza di analisi, si sottolinea che altri fenomeni hanno contribuito a rafforzare questa tendenza. Ricordiamo la fermata, per problemi di sicurezza, di numerose centrali nucleari in Giappone, che anche in questo caso sono state rimpiazzate da centrali termoelettriche ad olio combustibile.

[25] Media mobile a tre mesi. Grafico costruito a partire da dati pubblicati da Platt's.

Le precipitazioni atmosferiche non hanno carattere così locale come il vento, ma sono meno globali di quanto avvenga per la temperatura. Per esempio, in Moreno (s.d.) si dimostra che per località anche molto vicine, nel caso specifico due stazioni meteorologiche di Londra distanti circa trenta km, il fenomeno può avere andamento molto diversificato, soprattutto se il confronto viene effettuato tra dati medi mensili o addirittura giornalieri; in questo ultimo caso la correlazione scende a valori molto bassi.

Una peculiarità del fenomeno pioggia è il processo stocastico che meglio ne descrive le sue manifestazioni. Si può mostrare che in realtà il fenomeno va rappresentato con due processi stocastici separati. In primo luogo, vi è il processo che regola la frequenza del fenomeno, e che è costituito dagli eventi *"piove"* e *"non piove"*. Tali accadimenti possono essere modellati con una *distribuzione bernoulliana*, distribuzione discreta che può appunto assumere unicamente due valori, con probabilità p e $1-p$. Successivamente, data la frequenza, va modellata la *dimensione* del fenomeno, cioè la quantità di pioggia che cade in un intervallo di tempo, di solito un giorno. Per la dimensione può essere utilizzata una distribuzione di probabilità continua.

Veniamo infine alla trattazione degli strumenti finanziari di copertura. La già citata ricerca PWC-WRMA (2006) mostra che, al di là degli strumenti sulla temperatura, i derivati maggiormente diffusi sono proprio quelli sul rischio pioggia, con una quota che si avvicina al 10% del totale. E' molto probabile che la maggior parte degli strumenti sottoscritti riguardino la produzione idroelettrica, in quanto circa il 70% dei contratti totali riportati dai rispondenti all'indagine ha attinenza con il settore energetico. Per quanto riguarda il sottostante di questi strumenti derivati, si considera la somma della quantità di pioggia caduta in una determinata località in un intervallo di tempo specificato. Si iniziano a scambiare anche strumenti che hanno come sottostante la quantità di neve, misurata in millimetri, caduta al suolo. Si stanno sviluppando inoltre, a favore dei produttori idroelettrici, strumenti di copertura nei quali si sceglie un sottostante più direttamente attinente al livello produttivo. Pertanto, piuttosto che il livello della pioggia, si può utilizzare il livello d'acqua o il flusso in un fiume, la cui importanza cruciale abbiamo ampiamente chiarito precedentemente.

5. Eventi meteorologici ed emission trading

La trattazione di questo paragrafo conclusivo non può prescindere da una premessa dal contenuto normativo.

Il *Protocollo di Kyoto* è una convenzione internazionale che mira alla riduzione nella produzione ed emissione di gas ad effetto serra nell'atmosfera per mezzo di norme entrate in vigore, nei Paesi firmatari, a partire dal 2008. L'Unione Europea ne ha deciso un'applicazione anticipata a partire dal triennio 2005-2007, stabilendo un regime di *cap and trade* relativamente alle emissioni di anidride carbonica (CO_2). Tale sistema consiste nella fissazione di limiti, sotto forma di quote di emissione, a livello di settori produttivi e di singoli impianti compresi in tali settori. Gli impianti che emettono CO_2 in eccesso rispetto alla quota assegnata dovranno acquistare quote da operatori che invece risultano lunghi, ovvero ai quali sono state assegnate più quote del necessario[26]. Questa attività di scambio di quote viene comunemente denominata *emission trading*.

Il settore maggiormente coinvolto nell'allocazione di quote e nell'emission trading è di gran lunga il settore termoelettrico[27]. Le emissioni di questo settore dipendono dall'*energy mix* utilizzato per produrre l'elettricità necessaria per il sistema. Sono stati evidenziati diversi fattori che possono determinare un impatto sul prezzo delle quote di emissione nello schema di *emission trading* della Unione Europea. Innanzitutto i temi di *policy* e *regulation*, fondamentali perché trattasi di mercato creato artificialmente da scelte di natura politica. In questo ambito, considerando solo la realtà dell'Unione Europea, aspetti importanti sono la predisposizione dei piani nazionali di allocazione delle quote, la stesura della seconda fase del piano a partire dal 2008, la possibile estensione ad altri settori attualmente non coinvolti. Passando a variabili di tipo economico, importante risultano essere le condizioni e l'andamento generale dell'economia nei Paesi membri. E' stato stimato che la variazione di 1% del PIL genera una variazione di CO_2 emessa pari a 80 Mil. ton, con presumibile impatto sui prezzi. Altro importante impatto è dato dal cosiddetto *fuel switching*, ovvero dalla convenienza per i produttori termoelettrici a utilizzare i combustibili che hanno prezzo più basso. Per esemplificare, un ribasso del prezzo relativo del carbone rispetto al gas,

---

[26] Si riportano qui unicamente alcune regole semplificate di funzionamento dell'*emission trading*. Per informazioni più accurate e dettagliate si veda, tra gli altri, Di Giulio-Migliavacca (2006), IEA (2004).

[27] Al settore termoelettrico è infatti imputabile oltre il 50% della quantità totale di CO_2 emessa dai settori che sono inseriti nel sistema di *emission trading*.

favorisce l'utilizzo di carbone, *ceteris paribus*. Come vedremo a breve, l'uso di questo combustibile implica una maggiore produzione di CO_2 rispetto al gas naturale. E' stato calcolato che per questa via, le quantità annuali di CO_2 emessa possano variare di +/- 100 Mil.ton.

Importanti impatti sulle quantità di CO_2 emessa, e quindi sul prezzo delle quote, possono essere causati da fenomeni meteorologici. Limitiamo ancora l'analisi al settore elettrico ed iniziamo l'analisi sul lato della domanda. Un'estate particolarmente calda porta inevitabilmente all'incremento della domanda di energia elettrica, principalmente da parte delle famiglie per uso raffreddamento di ambienti, secondo una relazione di dipendenza già trattata, in quanto simile a quella studiata per la domanda di gas per usi domestici. Esistono peraltro Paesi in cui il riscaldamento domestico è ottenuto per mezzo dell'energia elettrica, e nei quali anche un inverno rigido comporta una maggiore richiesta di elettricità e conseguenti maggiori emissioni di CO_2.

Rilevante è anche l'analisi della curva di offerta della produzione di energia elettrica, vale a dire delle diverse tecnologie produttive, a parità di livello di domanda. A partire da un certo parco di generazione, se le fonti rinnovabili vengono impattate da eventi atmosferici, in modo positivo o negativo, tale impatto si riversa anche sulla produzione termoelettrica. In caso di stagioni particolarmente ventose, la maggiore disponibilità di elettricità prodotta da questa fonte si traduce in una minore richiesta di energia prodotta da fonti fossili, e quindi con il risultato di un più basso livello di emissioni di CO_2. Questo possibile impatto è tanto più forte quanto più la fonte eolica contribuisce al fabbisogno totale e laddove la quantità di vento risulta più variabile. Altro importante esempio, se il livello delle precipitazioni è basso allora, al netto della nota possibilità di ricorre a stoccaggi, vi sarà una riduzione della produzione da fonte idroelettrica. Non essendo possibile ricorrere ad altre fonti rinnovabili, in quanto ovviamente non modulabili a piacere, sarà necessario un maggior ricorso alla produzione termoelettrica. Tale incremento porterà a sua volta ad un aumento della domanda di quote di emissione di CO_2[28]. Non bisogna peraltro dimenticare quanto detto trattando delle centrali termoelettriche, ovvero la perdita di potenza e di efficienza in caso di temperature molto alte, fattore che diminuisce l'elettricità producibile. Ricordiamo infine che sempre nel caso di temperature alte, aumenta la

---

[28] Ovviamente l'impatto non è limitato alla CO_2, ma ad inquinanti quali SO_2, Nox, etc. Vi è inoltre un influsso su altri programmi specifici di incentivazione delle fonti rinnovabili; si pensi al sistema dei *Certificati Verdi* in Italia, o dei *Certificati Elettrici* in Svezia.

probabilità di guasti in centrali nucleari, le quali hanno emissioni di CO_2 nulle[29]. Anche in questo caso, sarà la produzione termoelettrica da fonte fossile a dover coprire il deficit produttivo.

E' utile quantificare il possibile impatto, sul volume delle quote di emissione in riferimento ai casi precedentemente analizzati. Si consideri l'esempio riportato nella successiva figura 18[30].

Produzione (GWh)	0.001	1,000	10,000	20,000
Tipo di centrale	**Emissioni di CO2 (tonnellate)**			
Idroelettrica - Nucleare	0	0	0	0
Ciclo combinato a gas (CCGT)	0.367	367,000	3,670,000	7,340,000
Carbone	0.85	850,000	8,500,000	17,000,000

fig. 18. Emissioni di CO2 secondo la tipologia di impianto.

A partire dalla produzione idroelettrica e nucleare, che presentano emissioni nulle, il gas naturale bruciato in moderne centrali a ciclo combinato emette circa 0,37 ton di CO_2 per ogni MWh prodotto, mentre il carbone è molto più inquinante emettendo più del doppio, ovvero 0,85 ton di CO_2 per MWh prodotto. La parte destra della tabella mostra l'impatto della CO_2 emessa per quantitativi di elettricità prodotta progressivamente più alti. Per esempio, se in un anno vengono prodotti 20.000 GWh (ovvero 20 TWh) in meno di produzione idroelettrica, rimpiazzare tale produzione con centrali a gas comporta emissioni aggiuntive per oltre 7 Mil. Ton di CO_2, e più del doppio se prodotti a carbone. Tali variazioni nell'*energy mix* di una nazione non sono improbabili, soprattutto laddove la fonte idroelettrica ha una certa importanza. La figura seguente mostra, nel caso dei Paesi scandinavi, la riduzione della capacità produttiva idroelettrica in corrispondenza di diverse percentuali di riempimento dei bacini.

---

[29] Per ridurre la probabilità di pericolosi guasti ed incidenti, solitamente sono in vigore norme che limitano o bloccano il funzionamento dell'impianto al raggiungimento di determinate temperature atmosferiche. Per esempio nella regione tedesca del Baden-Württemberg, tale limite è posto a 26 °C.

[30] I coefficienti di emissione specifica sono tratti da IEA (2004), pagg.35-36.

in TWh	100%	90%	60%	30%
Norvegia	84.3	75.9	50.6	25.3
Svezia	33.8	30.4	20.3	10.1
Finlandia	5.5	5.0	3.3	1.7
totale	123.6	111.2	74.2	37.1
delta vs 100%		-12.4	-49.4	-86.5

fig. 19. Capacità produttiva idroelettrica totale e parziale in Scandinavia.

L'impatto reale dipenderà ovviamente dal mix di capacità produttiva presenti nel Paese. Tuttavia questo semplice calcolo dimostra che l'impatto di fenomeni meteorologici è molto rilevante. I dati di emissione presentati nella tabella superano il deficit o il surplus di quote di emissione di molti Paesi coinvolti nel sistema di *emission trading*. In totale alcuni commentatori vedono le condizioni meteorologiche come la causa più importante di variazione delle quote di CO_2 necessarie per adempiere gli obblighi stabiliti in sede Unione Europea, arrivando a stimare un impatto possibile pari a circa +/- 170 Mil. Ton. Se condizioni meteorologiche avverse si dovessero verificare effettivamente (stagioni particolarmente poco piovosa, estate molto calda, etc.) è prevedibile un impatto rilevante sui prezzi delle quote di emissione. Tali prezzi sono registrati giornalmente a seguito della rilevazione di scambi bilaterali ed in borse organizzate[31].

---

[31] Per informazioni su questi scambi si veda Di Giulio-Migliavacca (2006).

INDICE ANALITICO

INDICE DELLE FIGURE

BIBLIOGRAFIA

- **Arrow, J.K, (1964)**, "The role of securities in the optimal allocation of risk-bearing", Review of Economic Studies XXXI, pp.91-96, Aprile 1964.
- **Baldwin, D., Payne, B., (1999)**, "Spanish deal in the wind", Risk, p.6, Aprile 1999.
- **Bernero, R., (1998)**, "The insurers move in", Weather Risk Special Report, Energy & Power Risk Management, pp.21-22, Ottobre 1998.
- **Black, F., Scholes, M., (1973)**, "The pricing of Options and Corporate Liabilities", Journal of Political Economy, pp.637-659, Maggio 1973.
- **Bossley, L., (1999)**, "Pennies from heaven, while singing in the rain", Petroleum Economist, pp. 15-17, Novembre 1999.
- **Briys, E., (1998)**, "Pricing Mother Nature", Weather Risk Special Report, Energy & Power Risk Management, pp.16-18, Ottobre 1998.
- **Campbell, S. D., Diebold, F. X., (2002)**, "Weather Forecasting for Weather Derivatives", Center for Financial Institutions Working Papers 02-42, Wharton School Center for Financial Institutions, University of Pennsylvania.
- **Campidoglio, C., (2005)**, "Modelli Organizzativi per il Settore Elettrico in Regime di Concorrenza", Febbraio 2005, Serie Economia 1, Eni Corporate University, Milano
- **Carpentier, P., Tahghighi, A, (2000)**, "Weather derivatives or how an energy company can hedge its weather risks", Revue de l'Energie, pp.20-26, n.513, Gennaio 2000.
- **Castagnoli, E., (s.d.)**, "Aspetti introduttivi delle opzioni finanziarie", Cooperativa Cult. L. Milani.
- **Commodities Now (2004)**, "Weather & Commodities: Advances in forecasting & financial management", Commodities Now, pp.30-32, Dicembre 2004.
- **Crawford, T., (2006)**, "After the Storm", Energy Risk, pp.61-64, Febbraio 2006.
- **Di Giulio, E., Migliavacca, S., (2006)**, "European Trading Scheme (ETS): mercato e impatto sui prezzi dell'elettricità", Energia n°1-2006.
- **Dischel, B., (1998)**, "Black-Scholes won't do", Weather Risk Special Report, Energy & Power Risk Management, pp.8-9, Ottobre 1998.
- **Dischel, B., (2002)**, "Deutsches data duel", Energy & Power Risk Management, pp.34-37, Gennaio 2002.

- **Doherty, S., McIntyre, R., (1999)**, "Weather risk: an example from the Uk", Energy & Power Risk Management, pp.28-29, Giugno 1999.
- **Dowd, K., (1998)**, "Beyond Value at Risk : the New science of Risk Management", John Wiley & Sons, Chichester, 1998.
- **Engle, R.F., Granger, C.W.J., Rice, J., Weiss, A., (1986)**, "Semiparametric Estimates of the Relation Between Weather and Electricity Sales", Journal of the American Statistical Association, 81, pp.310-320.
- **EPRM (1998)**, "Europe's first weather derivative deal announced", Energy & Power Risk Management, p.3, Dicembre 1998 – Gennaio 1999.
- **EWEA (2005)**, "2005 Statistics", European Wind Energy Association.
- **EWEA (s.d)**, "Wind Energy – The Facts", European Wind Energy Association.
- **IEA (2003)**, "Renewables for Power Generation. Status and Prospects", International Energy Agency, Paris.
- **IEA (2004)**, "Emission Trading and its possible impacts on investment decisions in the power sector", International Energy Agency, Julia Reinaud, Paris.
- **IEA (2005)**, "Variability of Wind Power and other Renewables. Management Options and Strategies", International Energy Agency, Giugno 2005, Paris.
- **IEA (2006)**, "Oil Market Report ", Gennaio 2006, International Energy Agency, Paris.
- **Jorion, P., (1997)**, "Value at Risk", McGraw-Hill, New York, 1997.
- **Kielmas, M., (2004)**, "A popular punt", Energy Risk, pp.68-70, Novembre 2004.
- **Locke, J., (1999)**, "Weather Derivatives come of age", Energy & Power Risk Management, pp.2-3, Novembre 1999.
- **Longo, M., (2004)**, "Bocciate 80 emissioni ma non Cirio e Parmalat", Il Sole-24 ore, 15 Gennaio 2004.
- **Lund, P., Munden, L., (2003)**, "Weather Derivatives give European energy utilities a sunnier outlook", Standard & Poor's, 3 Luglio 2003.
- **Lyon, P., (2002)**, "Previsioni del tempo incerte", Risk Italia, pp.25-27, Agosto 2002.
- **M.T.P., (2003)**, "Via ai derivati sul Maltempo", Il Sole-24 ore, 22 Agosto 2003.
- **Manera, M., Marzullo, A, (2003)**, "Modelling the Load Curve of Aggregate Electricity Consumption Using Principal Components", Nota di Lavoro 95.2003, Fondazione Eni Enrico Mattei, Milano
- **Marteau et al. (2004)**, "La Gestion du Risque Climatique", Economica.

- **Mauro, A., (1999)**, "Il Value at Risk per imprese non finanziarie: il caso dell'industria della raffinazione", Finanza Marketing e Produzione, n° 4.
- **Mauro, A., (1999b)**, "La gestione del rischio di prezzo nella industria energetica", Energia, n°4-1999.
- **McIntyre, R., (1999)**, "Black-Scholes will do", Energy & Power Risk Management, pp.26-27, Novembre 1999.
- **Moreno, M., (s.d.)**, "Rain risk", Speedwell Weather Derivatives, www.weatherderivs.com
- **Nelken, I., (2000)**, "Pricing for a rainy day", Energy & Power Risk Management, pp.40-44, Aprile 2000.
- **Nelken, I., (2000b)**, "Weather Derivatives – Pricing and Hedging", Super Computer Consulting Inc., www.supercc.com
- **Pankratz, A., (1991)**, "Forecasting with Dynamic Regression Models", J. Wiley& S., New York.
- **PWC-WRMA, (2006)**, "Annual Industry Survey", Weather Risk Management Association – PricewaterhouseCoopers, www.wrma.org.
- **Roll, R., (1984)**, "Orange Juice and Weather", American Economic Review, American Economic Association, vol. 74(5), pages 861-80, December.
- **Ross, S.A., (1976)**, "Options and Efficiency", Quarterly Journal Of Economics, pp. 75-89, Febbraio 1976.
- **S.P., (2004)**, "Gas, ecco il derivato-termometro", Finanza e Mercati, 1 Dicembre 2004.
- **Swedenergy (2003)**, "The Electricity Year for 2002", Swedenergy, www.svenskenergi.se
- **Ward, N., (2002)**, "Weather derivatives and Reinsurance", in Fusaro, P., "Energy convergence", J.Wiley & Sons, New York.